U0169480

图书在版编目（CIP）数据

门捷列夫很忙 ：给孩子的化学启蒙 . 远离“毒”元素 / 李金炜著 ；七酒米绘 . -- 北京 ：外语教学与研究出版社，2022.10（2024.6 重印）
ISBN 978-7-5213-3961-1

Ⅰ. ①门… Ⅱ. ①李… ②七… Ⅲ. ①化学－少儿读物 Ⅳ. ①O6-49

中国版本图书馆 CIP 数据核字 (2022) 第 167987 号

出 版 人　王　芳
策划编辑　汪珂欣
责任编辑　于国辉
责任校对　汪珂欣
美术统筹　许　岚
装帧设计　卢瑞娜
出版发行　外语教学与研究出版社
社　　址　北京市西三环北路 19 号（100089）
网　　址　https://www.fltrp.com
印　　刷　北京捷迅佳彩印刷有限公司
开　　本　787 × 1092　1/12
印　　张　20
版　　次　2022 年 10 月第 1 版　2024 年 6 月第 7 次印刷
书　　号　ISBN 978-7-5213-3961-1
定　　价　200.00 元（全套定价）

如有图书采购需求，图书内容或印刷装订等问题，侵权、盗版书籍等线索，
请拨打以下电话或关注官方服务号：
客服电话：400 898 7008
官方服务号：微信搜索并关注公众号“外研社官方服务号”
外研社购书网址：https://fltrp.tmall.com

物料号：339610001

门捷列夫很忙：给孩子的化学启蒙

远离“毒”元素

李金炜 / 著　七酒米 / 绘

外语教学与研究出版社
北京

我们看似和谐的世界其实暗藏杀机。构成世界万物的元素或者它们的化合物很多都是有毒的，或者说是可以给人带来伤害的。

从历史悠久的**汞**、**砷**到现代派的**镭**、**铊**、**钋**，再到人体必需的**铜**、**碘**、**硒**，它们在某种情况下都是毒药，连**氧**吸多了也能中毒！

让我们跟随门捷列夫先生，在这带有毒素的世界里寻找一条生路吧。

在某些情况下，磷有毒，但它与我们的生活又息息相关。

你知道吗？磷被发现的过程，非常令人倒胃口。

300 多年前，德国炼金术士**布兰德**为了提炼黄金，打起了“尿”的主意。他认为，既然水是生命之源，必定含有某些神奇的物质，比如黄金，毕竟金子是黄色的，尿也是黄色的，而人体也许就是点石成金的秘密装置。

主意已定，布兰德便开始疯狂地到处收集尿，经过不懈努力，终于收集到了 5000 多升尿液，然后就是不停地蒸发、蒸发……

在饱受了我们可以想象到的痛苦“熏陶”之后，布兰德没有找到黄金，却意外地发现了**白磷**。

我们应为布兰德感到幸运，因为他长时间接触的**白磷**其实是一种**剧毒物质**。

人体摄入 15 毫克白磷就会中毒，50 毫克就可致死。如果白磷沾到皮肤便很难去除，而且会逐渐渗入肌肉和骨骼。

白磷在40℃时就会自燃，基于它的这些特性，白磷在第二次世界大战期间被用来制造恐怖的白磷弹。白磷碰到物体后会不断燃烧，直至烧尽，而且能烧穿人的皮肉骨骼。

因为白磷弹拥有极不人道的杀伤效果，后来被联合国列为违禁武器。现在，白磷通常被用来制作烟幕弹。

白磷曾经被用来制作火柴，由于白磷会缓慢地腐蚀人的下颌骨，因此，很多火柴厂的工人都出现了磷毒性颌骨坏死。

好在人们很快发现了白磷“温柔的兄弟”——**红磷**。红磷无毒，常温下也不会自燃，改用它制作火柴，这才有了安全火柴。

磷虽然有这么多恐怖的故事，但是今天，地球上约有 80% 的磷矿都用于生产**磷肥**。它为人类的吃饭问题做出了无可替代的贡献。

提到吃饭，我们来说说盐。无论是爆炒，还是慢炖，要想激发肉的鲜味，我们都要撒上一撮盐。

我们都知道盐的化学名称叫**氯化钠**，但是你真的了解氯和钠这两种元素吗？

钠是自然界最活泼的金属元素之一，它甚至可以与水发生剧烈反应。

而**氯**是最活泼的非金属元素之一。在元素周期表上，氯所在的一族元素被称为卤素，意思是“可以形成盐的元素”。

令人惊悚的是，卤素单质全部是有强烈刺激性的有毒物质，氯气也不例外。

氯气是一种黄绿色的气体。它会对人的眼睛及呼吸系统产生极其强烈的刺激，从而使人受伤害。

大自然就是如此神奇，钠和氯都不能和人类的食物联系起来，但二者相互化合，却形成了稳定、安全的人体必需物质——食盐，少了它，食物便会少了鲜美的味道。

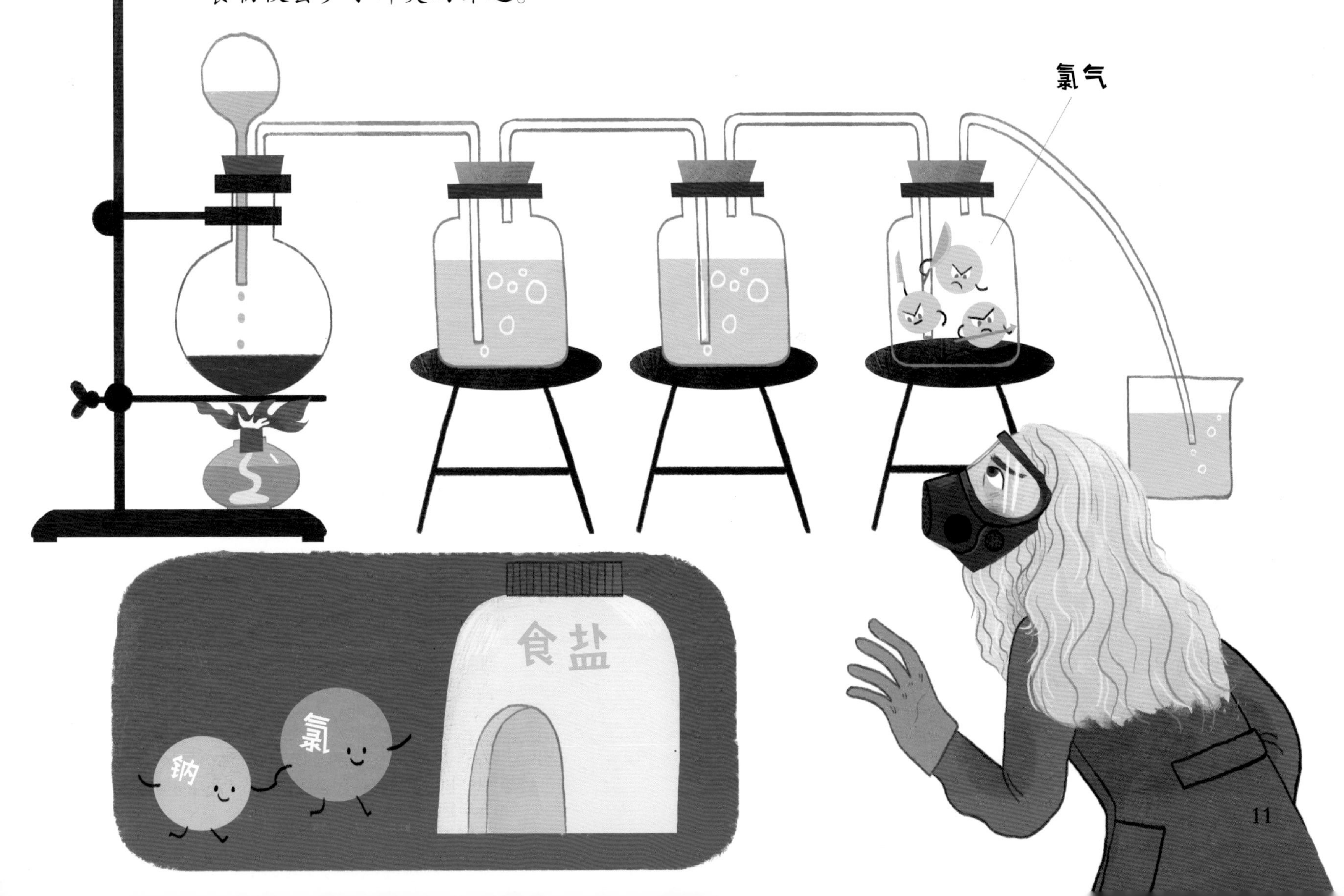

德国科学家**哈伯**因为发明了**合成氨技术**而获得了诺贝尔奖，但他在第一次世界大战中研发的**化学武器**使他一生备受质疑与谴责。

哈伯首先发明的就是氯气弹。

当时德军在前沿阵地上摆上一排氯气钢瓶，等风吹向敌方阵营时，拧开阀门，然后拼命地往回跑。在比利时的伊普尔，氯气弹造成了约15000名英法士兵中毒，其中约有5000人死亡。这种初级化学武器有一个致命的问题，就是因为风向多变，氯气弹往往会对交战双方造成几乎同等的伤害。

从氯气弹开始，化学武器这个恐怖的魔盒被打开了。但愿人类用科学技术残忍伤害彼此的行为可以永久结束。

次氯酸钠
+
水

消毒液特种兵

次氯酸钠
+
水

次氯酸钠
+
水

次氯酸钠
+
水

氯并非只是一个恶贯满盈的坏蛋，怎么使用它，都在人类的一念之间。

很多家庭的洗手间里常用的 84 消毒液，便是含氯制剂，它的主要成分是**次氯酸钠**。这是一种强氧化剂，无论是细菌还是病毒，一律通杀。

不过要注意的是，千万不要把 84 消毒液和洁厕灵混合使用。它们反应的结果会生成氯气，让人中毒。所以，一定要有基本的化学常识啊。

20 世纪初，欧美城市的饮用水安全是个大问题。由于缺乏有效的杀菌净化手段，一旦饮用水被污染，就会造成大面积疾病横行，比如伤寒和痢疾。

为了解决这一问题，一位叫**约翰·李尔**的美国医生想到了一个妙招——在水中加入漂白粉，也就是**次氯酸钙**。当时，漂白粉作为消毒剂已经被广泛使用，主要使用场所为被病菌感染的房屋。但是一想到要把这种散发着刺激性气味的东西放到水里，再喝进人的肚子，连化学家都觉得这简直是在乱弹琴。

然而，经过实验证实，在水中加入次氯酸钙，只要剂量合适，不仅能有效杀菌，而且也很安全。结果，李尔医生的方法十分有效，他所在的城市因此有了当时最洁净和最安全的饮用水。

后来，这种**饮用水氯化法**被迅速推广到世界各地。

次氯
酸钙
次氯
酸钙
次氯
酸钙

含氯消毒剂强大的杀菌能力不仅保障了饮用水安全，也使游泳池这种运动设施爆发式地出现。人们不用再担心泳池里会有致病细菌，很多人在泳池里学会了游泳。

时至今日，含氯消毒剂仍然广泛用于游泳池消毒。另外，为了防止水中滋生藻类，人们通常还会在水中加入蓝色的硫酸铜，所以，我们经常能看到游泳池中的水是淡蓝色的。

不过在 2016 年里约奥运会上，跳水运动员在出场时被吓了一跳，一个泳池中的蓝水居然变绿了。

最后，原因查明，是工作人员往泳池中加入了一种消毒剂——**双氧水**，而之前，一直都是用含氯消毒剂来给池水消毒的。两种消毒剂发生反应之后，不但失去了杀菌的效果，而且释放出氧气，使水中藻类大肆繁殖，于是池水的颜色变成了绿色。

可见，学好化学是多么重要！

接下来，我们要认识的是化学家的噩梦——氟。

氟气号称是全宇宙最活泼的物质之一，拥有极强的氧化性，如果向钢丝吹出一股氟气，钢丝便会立刻剧烈燃烧。氟气的腐蚀性很强，在一定条件下，甚至可以和惰性气体发生反应。以至于如何制造盛放它的容器都变成了一个难题。

氟的化合物——氟化氢被吸入人的体内后，便会立即摧毁肺的软组织。把氟化氢溶于水，就得到了恐怖的氢氟酸，如果沾到皮肤上，它便会迅速深入肌肤，造成肌肉麻痹和心脏停搏。

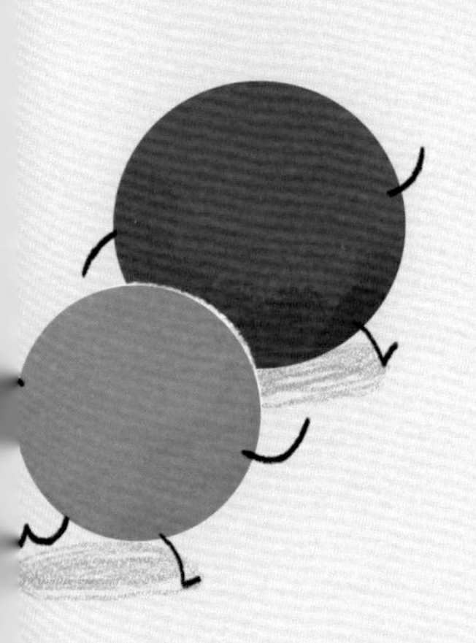

如何把氟从化合物中提取出来，成了众多化学家的执着追求。

最早关注氟的，是瑞典化学家**舍勒**，他在1771年发现了氢氟酸。据说他有一个习惯，即每造出来一种物质，他都要亲自尝一下味道！

关于舍勒是否尝过氢氟酸，没有明确记载，但可以确定的是，这位伟大的实验化学家在44岁时英年早逝。

接下来要说的是电化学的鼻祖——大名鼎鼎的**戴维**。他多次尝试从氢氟酸中电解出氟，但最终失败。不知道和研究氟有没有关系，戴维只活了51岁。

1836 年，英国的**诺克斯兄弟**在做提取氟的实验时中毒，弟弟险些丧命，哥哥休养了三年才得以康复。

与戴维齐名的法国化学家**盖-吕萨克**，以及化学家**泰纳**，也试图用电解法获得氟，但双双中毒，被迫放弃实验。

之后，比利时化学家**鲁耶特**义无反顾地重复诺克斯兄弟的实验，最终失败，献出了年仅 32 岁的宝贵生命。

不久，法国化学家**尼克雷**也因此丧命。

1854 年和 1869 年，法国化学家**弗雷米**以及英国化学家**哥尔**重整旗鼓，再次向氟发起挑战，然而最终的结果要么是爆炸，要么就是实验器材被严重腐蚀。

挑战成功的是弗雷米的学生——法国化学家**莫瓦桑**。他在四次中毒的情况下，屡次更改实验方案，以常人不可想象的牺牲精神，终于在 1886 年成功获取到了淡黄色的**氟单质**。这距离舍勒最先发现氟的实验已经过去了 100 多年。

莫瓦桑在 1906 年获得了诺贝尔奖。这是对他科学精神的最高褒奖。获奖之后的两个月，莫瓦桑便因病去世，年仅 56 岁。

让我们向这些为人类科学进步而不懈努力的科学家们致敬！

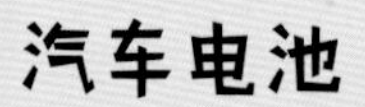

科学家们的付出是值得的，如今，**氟化工行业**已经成了重要的化工门类。从不粘锅到汽车电池，从杀菌药物到电路板印刷，这种凶猛的元素已经被人类驯服，并尽职尽责地为人类服务。

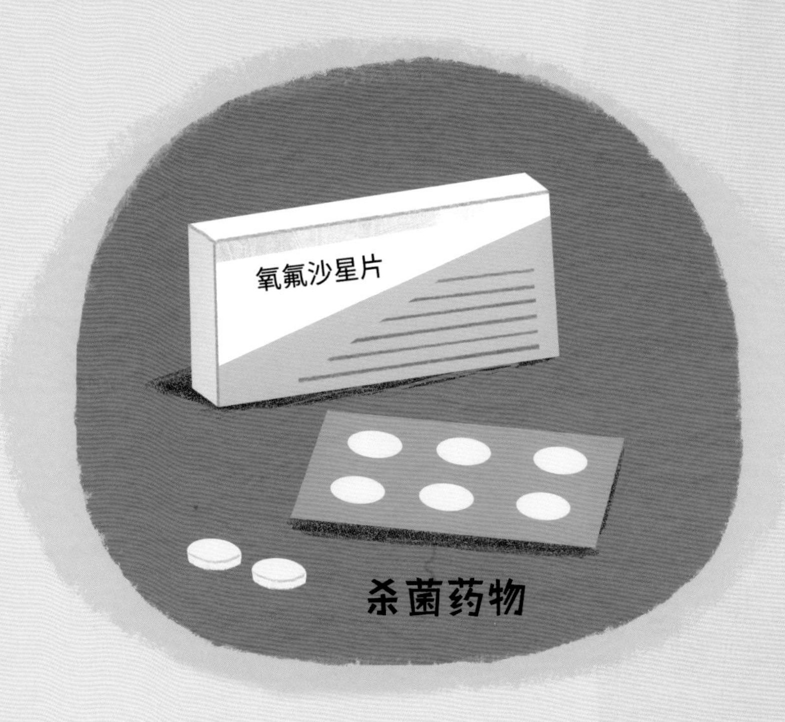

氟

磷、氯和氟只是我们这个世界毒素的冰山一角，让我们再领教几种著名毒素的厉害吧。

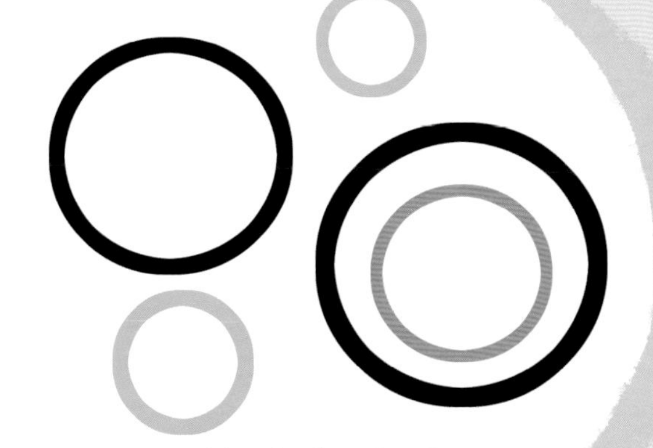

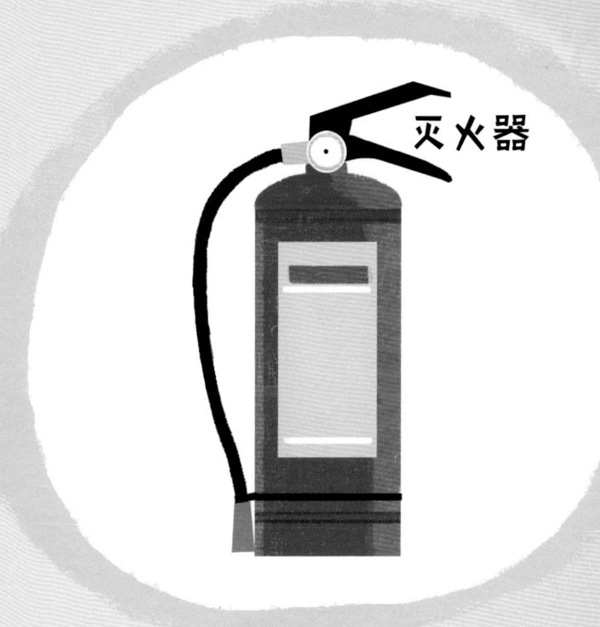

历史上，**砷**曾经给人们造成过很大伤害，据说专“克”名人。

19世纪初，一种闪耀着迷人翠绿的颜料在巴黎上流社会十分流行，用这种颜料染制的物品异常鲜亮，而且不易褪色，它被称为“**巴黎绿**”。今天，“巴黎绿”仍然存在，只不过它主要用来制作老鼠药——它的主要成分是砷。

由于这种颜色实在太令人心驰神往，所以大量印象派画家成了砷的牺牲品。**凡·高**精神失常、**塞尚**患糖尿病，以及**莫奈**双目失明，据说都和这种颜料有直接关系。

更可怕的是，显贵们房间里用的墙纸中也含有巴黎绿。有一种说法是：这种颜料，使**拿破仑**死于砷中毒。

汞，也就是水银，一种常温下呈液态的金属，它的这种神奇属性自古以来就备受关注。而现在我们知道，汞蒸气和汞的化合物会使人慢性中毒。

即便是微量的**铅**也会给人带来伤害，伟大的音乐家**贝多芬**一生疾病缠身，他的耳聋和去世的原因可能与铅有关。

被铅伤害的成员还有**达尔文**，他患有关节肿大症，血液中的铅严重超标，而这些铅有可能来自含铅的葡萄酒。

硒和**镉**都是人体所需的微量元素，但是摄入过量就变成了毒药。有些地方的草含硒量很高，牛吃了这样的草便会发狂疯跑，这便是硒过度摄入的后果。

我们来看看另一种意义上的毒素——**镭**。

和以上那些毒素伤人的原理不同，镭置人于死地靠的是其独特的放射性。

1896 年，法国物理学家**贝克勒尔**把一块矿石放在用避光纸包好的底片上，结果，底片上显现出了矿石的影像。贝克勒尔把这种现象称为**放射性**。

放射性的原理简单来说就是：某些元素的原子核并不稳定，会释放出来一些带电的粒子，原子核在释放粒子的同时，也会释放能量，这个过程叫原子核的**衰变**。

如果说一盏灯需要通电才能发光，那么放射性元素就像是不需要电就能发光的灯。

探索放射性元素的先驱有我们熟知的**居里夫人**，还有她的丈夫**皮埃尔·居里**。他们从沥青铀矿中发现了一种放射性超强的元素——镭。镭的实际放射性是铀的几百万倍。

贝克勒尔以及居里夫妇刚刚推开放射性元素的大门，对其中的奥秘和危险了解甚少。贝克勒尔只活了56岁，居里夫人在66岁时因白血病去世。据说，居里夫人经常随身携带装有放射性物质的试管，而且很喜欢欣赏放射性元素发出的幽幽光芒。

如今，**长时间、大剂量地接受辐射会严重影响人体的健康**，这已经是尽人皆知的事。但在镭刚刚被发现的那段时间，它的神秘力量深深地吸引着当时的人们。他们相信，镭可以给人带来活力，于是就有了大量的“镭人”产品。

当时，不断涌现的有：镭香烟、镭储水罐、镭矿泉水、镭冰激凌……

或许是商家觉得把镭做成食品的风险有点大，接下来又开始打起了日用品的主意，于是出现了：镭染发剂、镭护肤霜……

虽然不断有人因为受到放射性伤害进了医院，但在商家的推波助澜下，镭的市场反而愈发火爆，直到“镭姑娘”事件的出现。

当时，一家钟表公司用含镭的涂料给表盘涂色，这样在黑暗的环境下，手表也能发出幽光。

参与工作的女工被告知这种涂料是绝对安全的，于是，她们经常把涂料涂在指甲上做美甲，或者涂在头发上来彰显时髦，甚至有些姑娘会时常嘬一嘬上色用的毛笔尖，以此让笔头保持尖细，从而能更精细地涂绘。

不久，这些姑娘们开始出现贫血、牙疼、下颌溃烂、自发性骨折等症状，有的甚至长了巨大的肿瘤。

这些 20 多岁的“镭姑娘”们起诉了公司，最终她们赢得了官司，获得了高额赔偿，但又不得不面对她们即将提前结束的人生。

怎么样？在这样一个含有毒素的世界里，此刻的你是否为能存活下来而感到庆幸呢？

其实我们真正应该感到庆幸的，是人类的探索精神。在它的驱动下，那些勇于挑战不惜牺牲生命的科学家们，正逐步发现我们这个世界存在的奥秘，并把元素们的破坏力牢牢攥在人的手心里，转化为造福人类的力量。

最后，我们还要说说中国历史上有关毒素的故事。

在一些古代典籍里，会提到一种可怕的毒药——**砒霜**，还有某些古装电视剧里会偶尔出现但令人闻风丧胆的毒药——**鹤顶红**，它们的主要成分中就含有**砷**元素。

古代传奇中经常有用**银针验毒**的记载，人们根据银针是否变黑，来判断某样东西有没有毒。其实银是不会与砒霜的主要成分——三氧化二砷发生反应的，但是，砒霜中通常会含有一些杂质——硫化物，它们可以和银反应，生成黑色的硫化银，让银针变黑。

你知道吗？煮熟的鸡蛋黄里也含有硫化物，所以，即便鸡蛋没有毒，把银针插进蛋黄里，银针也可能会变黑。

汞算是古典派的毒药了，从秦始皇开始，一代代追求长生不老的君王服用的丹药里，大都含有汞。历史证明，汞除了可以使人死得快一点之外，没有延年益寿的功用。

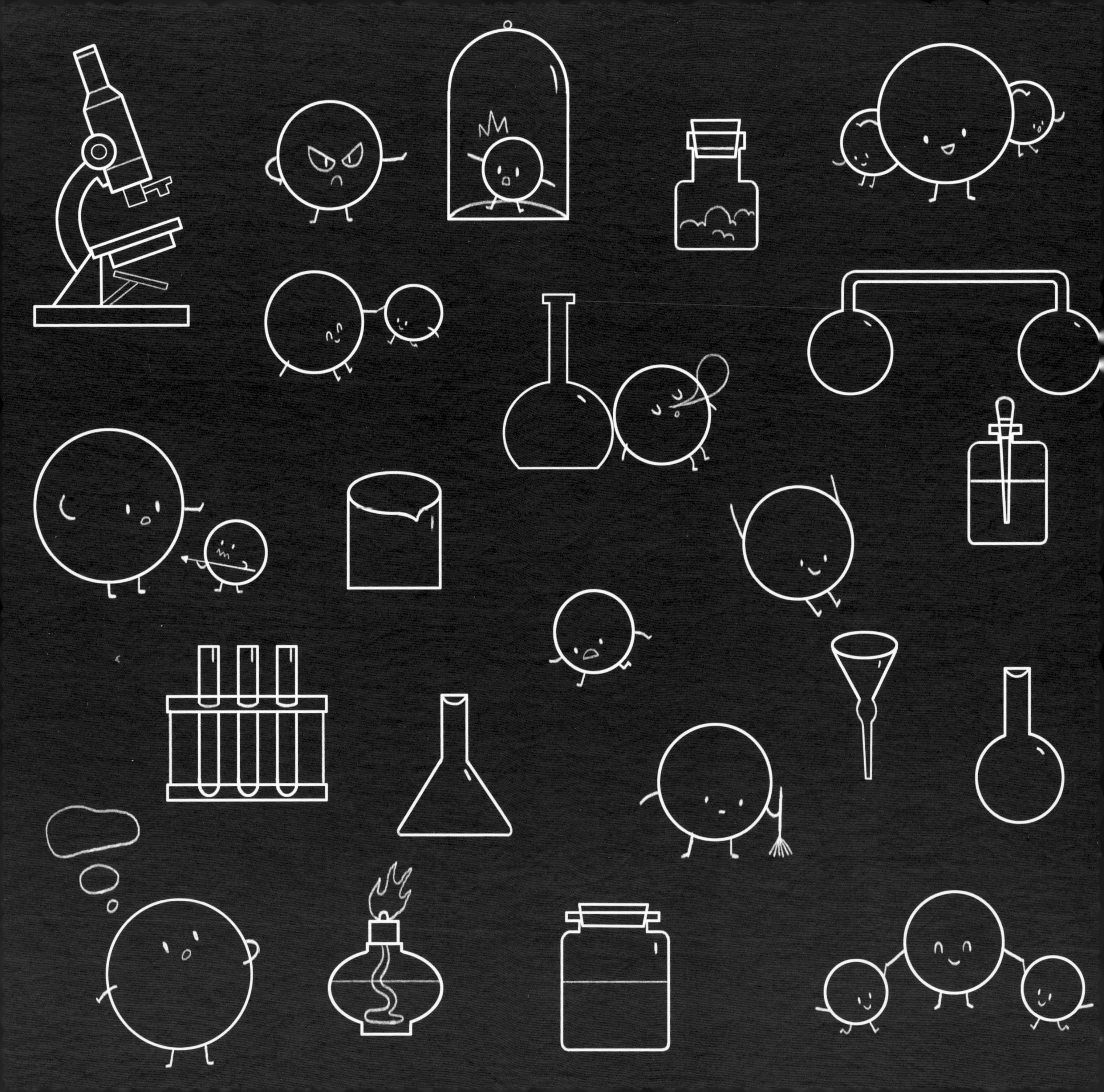